www.ingramcontent.com/pod-product-compliance
Lightning Source LLC
LaVergne TN
LVHW060334080526
838202LV00053B/4467